essentials

Springer Essentials sind innovative Bücher, die das Wissen von Springer DE in kompaktester Form anhand kleiner, komprimierter Wissensbausteine zur Darstellung bringen. Damit sind sie besonders für die Nutzung auf modernen Tablet-PCs und eBook-Readern geeignet. In der Reihe erscheinen sowohl Originalarbeiten wie auch aktualisierte und hinsichtlich der Textmenge genauestens konzentrierte Bearbeitungen von Texten, die in maßgeblichen, allerdings auch wesentlich umfangreicheren Werken des Springer Verlags an anderer Stelle erscheinen. Die Leser bekommen „self-contained knowledge" in destillierter Form: Die Essenz dessen, worauf es als „State-of-the-Art" in der Praxis und/oder aktueller Fachdiskussion ankommt.

Ekbert Hering

Marketingkonzeptionen für Ingenieure

Ekbert Hering
Hochschule für angewandte
  Wissenschaften Aalen
Deutschland

ISSN 2197-6708   ISSN 2197-6716 (electronic)
ISBN 978-3-658-03910-3   ISBN 978-3-658-03911-0 (eBook)
DOI 10.1007/978-3-658-03911-0

Die Deutsche Nationalbibliothek verzeichnet diese Publikation in der Deutschen National-
bibliografie; detaillierte bibliografische Daten sind im Internet über http://dnb.d-nb.de ab-
rufbar.

Springer Vieweg
© Springer Fachmedien Wiesbaden 2013

Springer Vieweg ist eine Marke von Springer DE. Springer DE ist Teil der Fachverlagsgruppe
Springer Science+Business Media
www.springer-vieweg.de

Vorwort

Dieses Werk basiert auf dem „Handbuch Betriebswirtschaft für Ingenieure" von Ekbert Hering und Walther Draeger, 3. Auflage 2000. Dieses Werk hat sich einen hervorragenden Platz als Lehrbuch für Studierende, insbesondere der Ingenieurwissenschaften, und als Standard-Nachschlagewerk für Ingenieure in der Praxis geschaffen. Die Vorteile sind die *große Praxisnähe* (das Werk wurde von Praktikern für Praktiker geschrieben), die Präsentation der *ganzen Breite des Managementwissens* sowie die vielen Beispiele, welche die sofortige Umsetzung in den betrieblichen Alltag ermöglichen. Das vorliegende Kapitel über Marketingkonzeptionen wurde dahingehend erweitert, dass der Marketing-Mix statt 5 Bereiche nunmehr 9 Bereiche umfasst (9 P). Die Wettbewerbsanalyse und wettbewerbsorientierte Portfolios werden nur erwähnt. Diese werden im Springer Essential „Wettbewerbsanalyse für Ingenieure" ausführlich behandelt; ebenso wie die Persönlichkeitsprofile im Springer Essential „Personalmanagement für Ingenieure." Auf viele Beispiele wurde bewusst verzichtet, um das vorliegende Essential kurz und stringent zu halten.

Inhaltsverzeichnis

Einleitung

1

Die meisten Ingenieure in der Praxis sind im Laufe ihrer Karriere in Führungspositionen tätig. Deshalb sind für Ingenieure fundierte Kenntnisse in Betriebswirtschaft unerlässlich. Aus diesen Gründen ist es aber auch Ingenieuren in der Ausbildung zu empfehlen, sich die erforderlichen Kenntnisse anzueignen. Insbesondere die Kenntnisse von Produkten und Dienstleistungen in ihrer Branche und den Märkten, in denen diese an die Kunden verkauft werden, sind von höchster Bedeutung. Das vorliegende Buch widmet sich den Marketingkonzeptionen, die für ein erfolgreiches Agieren von Unternehmen auf den Märkten maßgeblich sind.

E. Hering, *Marketingkonzeptionen für Ingenieure*, essentials,
DOI 10.1007/978-3-658-03911-0_1, © Springer Fachmedien Wiesbaden 2013

Marketing bedeutet, die dringenden *Wünsche* der *Kunden schnell* zu erkennen und daraus in *kürzester* Zeit kunden- und marktorientierte Produkte und Dienstleistungen zu entwickeln und anzubieten. Für den Kunden muss dabei deutlich der *Nutzen* erkennbar sein (auch gegenüber der Konkurrenz). Sind auf diese Weise *relative Wettbewerbsvorteile* errungen worden, dann werden auch Marktpreise zu erzielen sein, die zum Erfolg des Unternehmens beitragen. Marketing hat zusätzlich die Aufgabe, zu den Kunden *Beziehungen* aufzubauen und zu pflegen. Der Kunde muss spüren, dass man sich um ihn kümmert.

Eine kurz gefasste Definition von Marketing lautet daher:

> Marketing sind alle Aktionen, um die Produkte und Dienstleistungen eines Unternehmens zum *Nutzen* des *Kunden* und des *Unternehmens* zu vermarkten sowie stabile und langfristige *Kundenbeziehungen* aufzubauen und zu pflegen.

Marketingkonzeptionen können erst dann erfolgreich entwickelt und entsprechende Marketingmaßnahmen umgesetzt werden, wenn zuvor die in Abb. 2.1 vorgestellten Bereiche beleuchtet wurden:

2.1 *Umfeld* (Welche Trends sind entscheidend?)

Der Markt ist einem ständigen Wandel unterworfen. Deshalb ist es wichtig, die Trends zu erfassen, die für das Unternehmen entscheidend sind. Eine systematische Verfolgung der entsprechenden Entwicklungen im gesellschaftlichen, öko-

E. Hering, *Marketingkonzeptionen für Ingenieure*, essentials,
DOI 10.1007/978-3-658-03911-0_2, © Springer Fachmedien Wiesbaden 2013

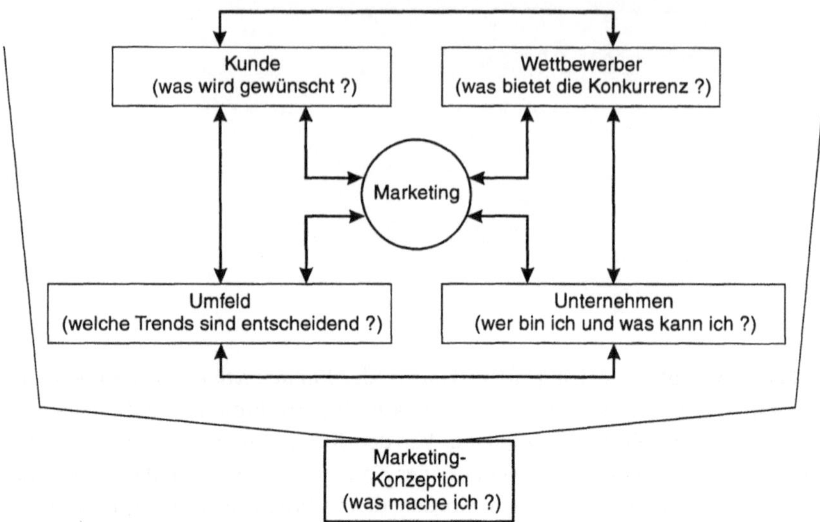

Abb. 2.1 Elemente des Marketings. (Quelle: Hering und Draeger 2000)

nomischen und technischen Umfeld ist notwendig, um die sich bietenden Markt-
chancen gezielt zu ergreifen.

2.2 *Kunde* (Was will der Kunde?)

Dies ist die wichtigste Frage, die beantwortet werden muss. Denn nur, wenn die
Kundenwünsche bekannt und in kürzester Zeit zu erfüllen sind, kann erfolgreich
verkauft werden.

2.3 *Wettbewerber* (Was bietet die Konkurrenz?)

Erfolgreich kann ein Unternehmen nur sein, wenn es die Kundenwünsche erkennbar besser erfüllt als die Konkurrenz. Aus diesem Grund muss der Wettbewerb
systematisch beobachtet werden (s. Springer Essential: „Wettbewerbsanalyse für
Ingenieure").

2.4 *Unternehmen* (Was bin ich und was kann ich?)

An dieser Stelle muss der *Unternehmenszweck* klar festgelegt, die *Unternehmensphilosophie* oder die *Unternehmensgrundsätze* erarbeitet (was bin ich?) und festgestellt werden, ob das Unternehmen finanziell, maschinell, personell und organisatorisch in der Lage ist, die Kundenwünsche besser zu erfüllen als die Wettbewerber.

2.5 *Marketing-Konzeption* (Welche Ziele werden konkret verfolgt?)

Wenn die Punkte 1 bis 4 geklärt sind, d. h., die wichtigen Trends erkannt sind (Punkt 1), die Kundenwünsche ermittelt wurden (Punkt 2), der Wettbewerb richtig eingeschätzt werden konnte (Punkt 3) und die eigenen Möglichkeiten klar sind (Punkt 4), dann kann eine gezielte Marketing-Konzeption erarbeitet werden (Punkt 5). Das Unternehmen kann sich dann auf dem Markt *positionieren*. Dementsprechend wird das Unternehmen seine Kompetenz im Markt sichtbar machen, d. h. die entsprechenden Kommunikationskanäle nutzen, um mit den Kunden in Kontakt zu kommen. Diese Vorbereitungen für eine erfolgreiche Marketingkonzeption werden im Folgenden ausführlicher besprochen.

Vorbereitungen für eine erfolgreiche Marketingkonzeption 3

3.1 Trend- oder Umfeldanalyse

In dynamisch sich verändernden Märkten können Unternehmen nur erfolgreich sein, wenn sie Produkte und Dienstleistungen entwickeln und bereitstellen, die dem Trend entsprechen. Deshalb ist es von erheblicher Bedeutung, das Umfeld des Unternehmens zu kennen. Abbildung 3.1 zeigt, in welchen Bereichen die einzelnen Trends untersucht werden müssen. Um einen schnellen Überblick zu erhalten, sollten alle Informationen in diese Rubriken eingeordnet und gesammelt werden. Dies kann am Besten über eine computerunterstützte Datenbank geschehen. Dort kann auch festgehalten werden, welche Einflussfaktoren besonders wichtig sind, welche Chancen sich daraus ergeben und mit welchen Maßnahmen diese ergriffen werden können.

3.1.1 Allgemeine Trends

Folgende allgemeine Trends sind zu beobachten:

- *Trend zur Selbstverwirklichung*
Die Kunden streben in ihrem Beruf und in ihrer Freizeit an, sich selbst zu verwirklichen und weigern sich zunehmend, sich von außen vorgegebenen Regeln unterzuordnen.

- *Trend zur work-life-balance*
Der Beruf sollte ein harmonisches Familienleben mit zugehörigen Freizeitaktivitäten ermöglichen.

E. Hering, *Marketingkonzeptionen für Ingenieure*, essentials,   7
DOI 10.1007/978-3-658-03911-0_3, © Springer Fachmedien Wiesbaden 2013

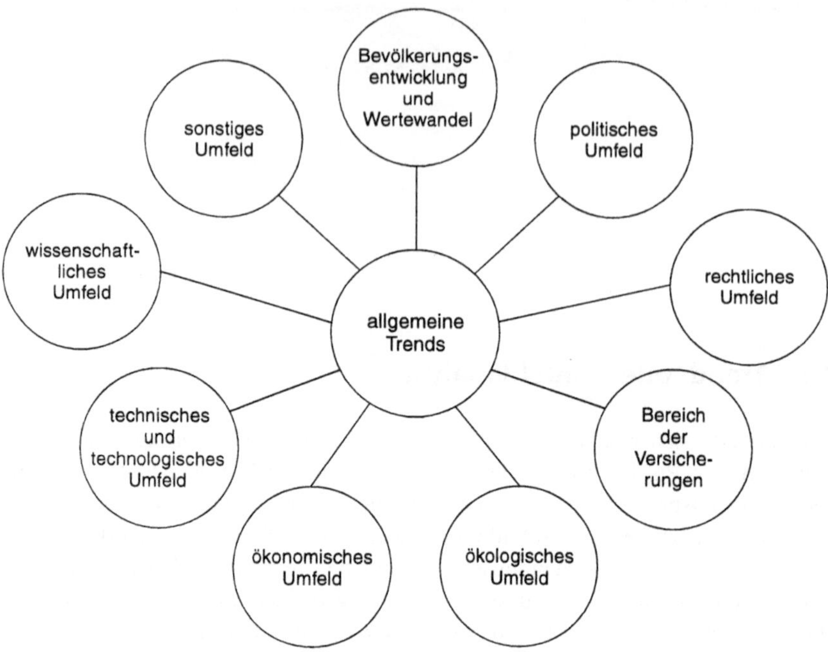

Abb. 3.1 Analyse des Umfeldes. (Quelle: Hering und Draeger 2000)

- *Neue Rolle der Frau*

Vermehrt möchten vor allem junge Frauen nach der Kinderpause wieder in das Arbeitsleben zurückkehren. Immer mehr Frauen streben in höhere Postionen. Dies wird auch von der Gesellschaft zunehmend gefordert.

- *Trend zum Genießen*

Vor allem junge Menschen, die nach den entbehrungsreichen Nachkriegsjahren in einer Wohlstandsgesellschaft aufgewachsen sind, möchten einen Teil ihres Lebens genießen und möglichst viel erleben.

- *Zunehmende Individualisierung*

Der einzelne Kunde will seine ganz persönlichen Wünsche befriedigt wissen.

- *schneller Wandel der Wünsche und Anforderungen* sowie
- *zunehmende Bedeutung sozialer und kultureller Belange.*

Abb. 3.2 Produkte und Dienstleistungen im Spannungsfeld verschiedener Anforderungen. (Quelle: Hering und Draeger 2000)

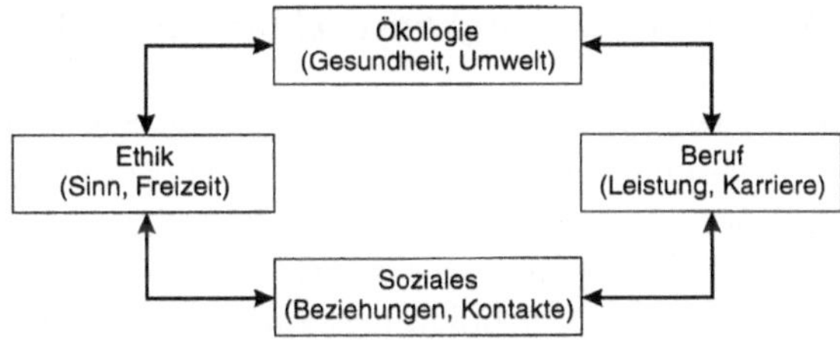

Wie Abb. 3.2 zeigt, werden Produkte und Dienstleistungen nicht mehr nur nach der Leistung und dem Preis (*Preis/Leistungsverhältnis*) beurteilt. Vielmehr werden auch Aspekte der Gesundheit und Umwelt (*ökologische Komponente*), des Sinns (*ethische Komponente*) und der Beziehungen (*soziale Komponente*) immer wichtiger. Die Kunden und die Mitarbeiter suchen in diesen Bereichen eine Balance. Das bedeutet, dass die Produktentwicklungen und die Marketing-Konzeptionen diese Bereiche immer stärker zu berücksichtigen haben.

Aus diesen allgemeinen Trends ergeben sich für das Marketing folgende Konsequenzen:

- *Fragmentierung der Märkte*
Die Märkte werden immer kleiner (Trend zu *Teilmärkten* und *Spezialmärkten*) und sind immer weniger in Kategorien einteilbar. Eine *Marktsegmentierung*, d. h. eine Aufteilung in bestimmte Marktgruppen, die sich ähnlich verhalten, ist schwer möglich. Die Kunden verhalten sich zunehmend *gespaltener*. Als Beispiel: Akademiker kaufen im Supermarkt ihre Ware und gehen abends im besten Lokal essen.

- *Differenzierung der Produkte*
Die verschiedenen Produkte und Dienstleistungen unterscheiden sich immer mehr voneinander, und die Vielfalt der Produkte und Dienstleistungen steigt.

- *Zeit als Wettbewerbsfaktor*
Es wird immer wichtiger, auf die schnellen Veränderungen auch schnell zu reagieren. Der Schnellere wird vor dem Langsameren siegen. Deshalb ist Zeit ein wichtiger Wettbewerbsfaktor geworden.

- *Mittelmaß verliert an Bedeutung*
Wurden früher die preiswertesten Produkte am häufigsten und die teuersten am wenigsten verkauft, so werden zunehmend teure und billige Produkte sehr häufig gekauft werden. Die Produkte der mittleren Preisklasse hingegen finden immer weniger Käufer.

3.1.2   Bevölkerungsentwicklung und Wertewandel

Die *Bevölkerungsentwicklung* zeigt, nach Geschlechtern getrennt, wie viele Personen in bestimmten Altersgruppen leben. Dies kann sich auf eine ganze Volkswirtschaft beziehen (z. B. Deutschland) oder auf kleinere Märkte (z. B. Bundesländer, Kreise, Städte, Wahlbezirke, Straßen). Man spricht in diesem Zusammenhang von *demografischen Daten.* Erfahrungsgemäß besitzen bestimmte Altersgruppen eigene Wertvorstellungen. Kunden verschiedenen Alters besitzen deshalb eine ganz unterschiedliche Kaufmotivation, die es anzusprechen gilt. Deshalb sind Informationen über die Größe der Marktsegmente in den Altersgruppen und deren Wertvorstellungen von großer Bedeutung für ein erfolgreiches Vermarkten von Gütern und Dienstleistungen. Dabei muss stets berücksichtigt werden, dass die Altersgruppen ständig älter werden (nach oben verschieben) und oft die gleichen Personen ihre Wertvorstellungen ändern. Die wichtigsten Informationen können in der computergestützten Datenbank abgelegt werden.

3.1.3   Politisches Umfeld

Die möglichen Chancen und Risiken, die sich bei Änderungen im politischen Umfeld ergeben, sollten systematisch erfasst werden. Dabei handelt es sich um politische Änderungen in der unmittelbaren Umgebung (z. B. im Gemeinderat einer Stadt) bis hin zu größeren politischen Umwälzungen (z. B. gemeinsamer europäischer Binnenmarkt oder offene Grenzen zu Osteuropa).

3.1.4   Rechtliches Umfeld

In diesem Bereich werden alle Gesetze und Vorschriften systematisch gesammelt, die für das Unternehmen *von Bedeutung* sind. Ferner wird zusammengestellt, welche Auswirkungen diese Gesetze auf das Unternehmen, die Mitarbeiter und die Kunden haben.

3.1.5   Versicherungen

Hier werden die Versicherungen für das Unternehmen, die Mitarbeiter und auch für die Kunden zusammengestellt. Es ist ratsam, den Umfang des Versicherungsschutzes und die Höhe der Prämien regelmäßig zu überprüfen. Es ist zu beachten, dass Versicherungen für die Unternehmen auch ein Service-Angebot sein können. Beispielsweise Maschinenausfallsversicherungen oder Transportversicherungen.

3.1.6 Ökologisches Umfeld

In diesem Bereich wird erfasst, welche Umwelttrends und Umweltgesetze für das Unternehmen gelten, welche Auswirkungen sie für das Unternehmen haben und welche Maßnahmen ergriffen werden müssen. Das Verhalten zum Umweltschutz und die Maßnahmen eines Unternehmens in diesem Bereich sind sehr bedeutsam, da die öffentliche Meinung die Industrie danach beurteilt. Deshalb können die Umweltschutzaktivitäten von Unternehmen auch mit großem Erfolg in der Öffentlichkeitsarbeit und in der Werbung eingesetzt werden.

3.1.7 Ökonomisches Umfeld

In diesem Bereich werden die volkswirtschaftlichen Rahmendaten gesammelt, die für das Unternehmen von Wichtigkeit sind.

3.1.8 Technisches und technologisches Umfeld

Das technische und technologische Umfeld muss genau beobachtet werden. Es kann sein, dass bahnbrechende Innovationen ganze Produktfelder überflüssig machen (z. B. Verdrängung der Analogkamera durch die Digitalkamera). Aber das technische Umfeld bietet auch die Chance, Maschinen und Prozesse so einzurichten, dass sie einer umweltorientierten Unternehmensführung entsprechen und trotzdem eine rentable und wirtschaftliche Fertigung bzw. Angebote von Dienstleistungen ermöglichen.

3.1.9 Wissenschaftliches Umfeld

Die neuesten Erkenntnisse der Wissenschaft sollten übersichtlich erfasst werden, damit sie in der Entwicklung rechtzeitig umgesetzt werden können.

3.1.10 Zusammenfassung der Ergebnisse

Es ist zu empfehlen, die wichtigsten Erkenntnisse aus diesen oben genannten Gebieten so zu filtern, dass auf einen Blick erkennbar ist, welche Chancen sich dem Unternehmen bieten, wenn das Umfeld sich ändert, und welche Maßnahmen daher ergriffen werden sollten.

3.2 Analyse der Kundenforderungen

3.2.1 Allgemeine Betrachtungen

Ein Unternehmen ist immer dann erfolgreich, wenn es die Kundenwünsche rasch erkennt und sie schneller und besser erfüllen kann als die Konkurrenz. Deshalb ist es von größter Wichtigkeit, folgende drei Fragen richtig beantworten zu können:

1. „Was sind meine Zielkunden?"
2. „Welches sind die wichtigsten Probleme und Wünsche dieser Kunden?"
3. „Wie löst das Unternehmen die Probleme und erfüllt die Kundenwünsche schneller und besser als die Konkurrenz?"

Es muss mit allem Nachdruck darauf hingewiesen werden, dass alle Mitarbeiter eines Unternehmens sich in erster Linie an den Kundenwünschen zu orientieren haben und sich nicht hauptsächlich auf innerbetriebliche Belange (z. B. Fertigungsmöglichkeiten) konzentrieren dürfen. Dies betrifft alle Funktionen des Unternehmens: den Einkauf, die Konstruktion, die Fertigung und den Vertrieb. Die *kompromisslose* Orientierung an den *Kundenwünschen* ist Voraussetzung für jeglichen unternehmerischen Erfolg.

Die Kundenwünsche sind bei unterschiedlichen Produkten verschieden. Üblicherweise werden die Produkte in die Bereiche Investitionsgüter und Konsumgüter eingeteilt. Der Nutzen für den Kunden kann in einen *Gebrauchs-Nutzen* und in einen *Geltungs-Nutzen* eingeteilt werden. Abbildung 3.3 zeigt, dass bei einem *Investitionsgut* der *Gebrauchs-Nutzen* im Vordergrund steht (z. B. muss eine Papiermaschine vor allem den technischen Anforderungen genügen). Bei einem *Konsumgut* sind sowohl der *Gebrauchs-* als auch der *Geltungs-Nutzen* maßgebend (z. B. muss eine Kaffeemaschine sowohl technisch einwandfrei arbeiten, als auch ein schönes Design aufweisen). *Schmuckgegenstände* dagegen müssen nur *Geltungs-Nutzen* bieten. In der Marketing-Konzeption muss auf diesen unterschiedlichen Nutzen eingegangen werden.

Diese Informationen können aus folgenden Quellen gesammelt werden (ausführlich beschrieben im Springer Essential „Wettbewerbsanalyse für Ingenieure"):

- Systematische Befragung des Vertriebs bei Kundenbesuchen,
- Direkte Kundenbefragung mit Preisausschreiben (selbst oder über ein Marktforschungsinstitut),
- Messebesuche oder
- Informationen bei Zusammenkünften.

Abb. 3.3 Gebrauchs- und Geltungs-Nutzen von Produkten. (Quelle: Hering und Draeger 2000)

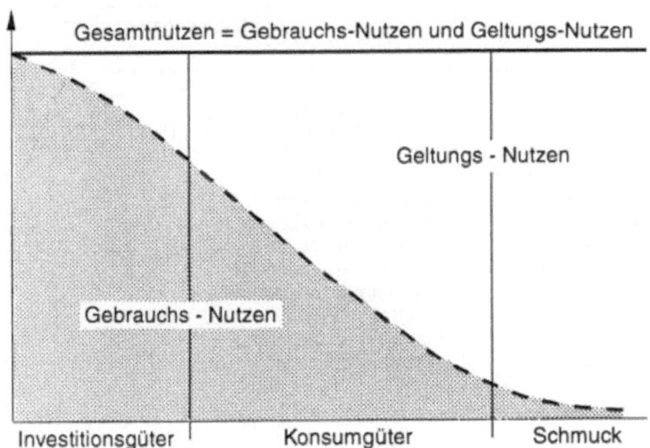

Tab. 3.1 Ermittlung der Kundenwünsche. (Quelle: Hering und Draeger 2000)

Wunsch in Bereich	Kunde/Branche	Möglichkeiten
System		
Umrüstbarkeit	Plagwitz/Fahrzeugzulieferer	
Umrüstzeiten verringern	Klupa/Sondermaschinenbau	
Puffer vergrößern	Festing/Werkzeugbau	
Transport		
schneller	Linser/Feinmechanik	
Elektronik		
Anschluß von Meßmaschinen	Schreiber/Optik	
Anschluß von Geräten zur		
Qualitätssicherung	Weber/Elektrotechnik	
programmierbare Steuerung	Breitmaier/Feinmechanik	
Kommunikation		
Vernetzung mit anderen		
Fertigungsmaschinen	Schmid/Fahrzeugbau	
Automatisierung		
Anschluß von Sensoren	Palser/Fahrzeugzulieferer	

Tabelle 3.1 zeigt die ermittelten Kundenwünsche als Beispiel an einem flexiblen Montagesystem und die entsprechenden Möglichkeiten, diese Wünsche zu realisieren (z. B. auch unter dem Einsatz von Kreativitätstechniken wie brainstorming).

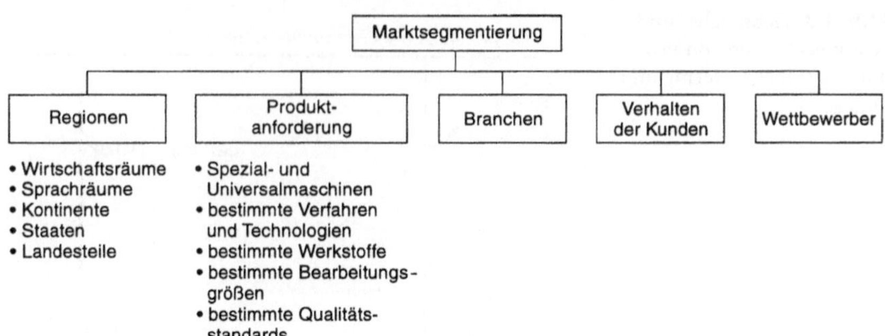

Abb. 3.4 Möglichkeiten der Marktsegmentierung. (Quelle: Hering und Draeger 2000)

3.2.2 Analyse der Kunden nach Marktsegmenten

Durch eine *Marktsegmentierung* wird der gesamte Markt in *Teilmärkte*, d. h. Segmente oder Zielgruppen aufgeteilt (Abb. 3.4).

- *Marktsegmentierung nach Regionen*

Die Einteilung nach Regionen wird in der Praxis häufig vorgenommen. Die in Abb. 3.4 dargestellten Teilmärkte werden anschließend nach bestimmten Kriterien beurteilt. Dazu zählen im Wesentlichen:

- Währungskurs,
- Handelshemmnisse,
- Transportkosten,
- Vertriebskosten,
- Möglichkeiten des Services,
- Bedrohung durch den Wettbewerber und
- Entwicklung des Marktes.

Alle vorhandenen und geplanten Teilmärkte sollten regelmäßig (z. B. einmal im Jahr) einer Beurteilung unterzogen werden, um die Aktualität der Kriterien, deren Bewertung und die weitere Vorgehensweise festzulegen.

- *Marktsegmentierung nach Produktanforderungen*

Die verschiedenen Kunden werden die Produkte in ganz unterschiedlicher Weise einsetzen. Eine flexible Montageanlage wird beispielsweise in einer chemischen

Fabrik anders arbeiten als in einer Gießerei oder einer Maschinenfabrik. Folgende Anforderungen spielen insbesondere eine Rolle:

- Einsatzbedingungen (Industrieumgebung),
- Auslastungsgrad,
- Umrüstbarkeit und
- Preis und Folgekosten.

- *Marktsegmentierung nach Branchen*
Empfehlenswert ist hierbei eine Brancheneinteilung nach dem Schema des VDMA (Verband Deutscher Maschinen- und Anlagenbauer). Auch von der statistischen Bundesanstalt liegen Wirtschaftsdaten über die einzelnen Branchen vor. Daraus sind konjunkturelle und strukturelle Entwicklungen absehbar und damit das Risiko für das Unternehmen kalkulierbar.

- *Marktsegmentierung nach Bedeutung des Kunden*
Üblicherweise wird die Einteilung des Kunden nach seiner *Umsatzgröße* vorgenommen. Im Folgenden wird gezeigt, wie eine Einteilung nach der *Bedeutung* eines Kunden vorgenommen werden kann. Dies geschieht in einer *Kunden-Umsatz-ABC-Analyse* (Tab. 3.2 und Abb. 3.5). Erfahrungsgemäß werden mit nur 20 % der Kunden etwa 80 % des Umsatzes gemacht. Deshalb wird es möglich, sich auf relativ wenige, aber wesentliche Kunden zu konzentrieren.

Im vorliegenden Beispiel werden die Grenzen des A-Bereichs auf 80 % der Umsatzsumme festgelegt, der B-Bereich umfasst 15 % des Umsatzes und der C-Bereich 5 % des Umsatzes (Tab. 3.2). Wie die grafische Auswertung in Abb. 3.5 zeigt, sind die wichtigsten Kunden (A-Kunden): Plagwitz (30,3 % des Umsatzes), gefolgt von Festing (19,3 %), Breitmaier (18,2 %) und Palser (11,4 %). Die Wünsche dieser Kunden sind von besonderem Interesse. Damit ergibt sich auch eine Dringlichkeit für die Umsetzung der Wünsche der einzelnen Unternehmen nach Tab. 3.1. Aus diesen Gründen werden in unserem Beispiel folgende Produktentwicklungen weiter verfolgt:

- Umrüstbarkeit des Systems (Wunsch von Plagwitz),
- Puffer vergrößern (Wunsch von Festing),
- programmierbare Steuerungen (Wunsch Breitmaier) und
- Anschluss von Sensoren (Wunsch von Palser).

An dieser Stelle muss allerdings darauf hingewiesen werden, dass ein guter Kunde nicht zwangsläufig ein Kunde mit hohem Umsatz sein muss. Die sonstigen Verhaltensweisen des Kunden können eine wichtige Rolle spielen. Dazu gehören beispielsweise folgende Kriterien:

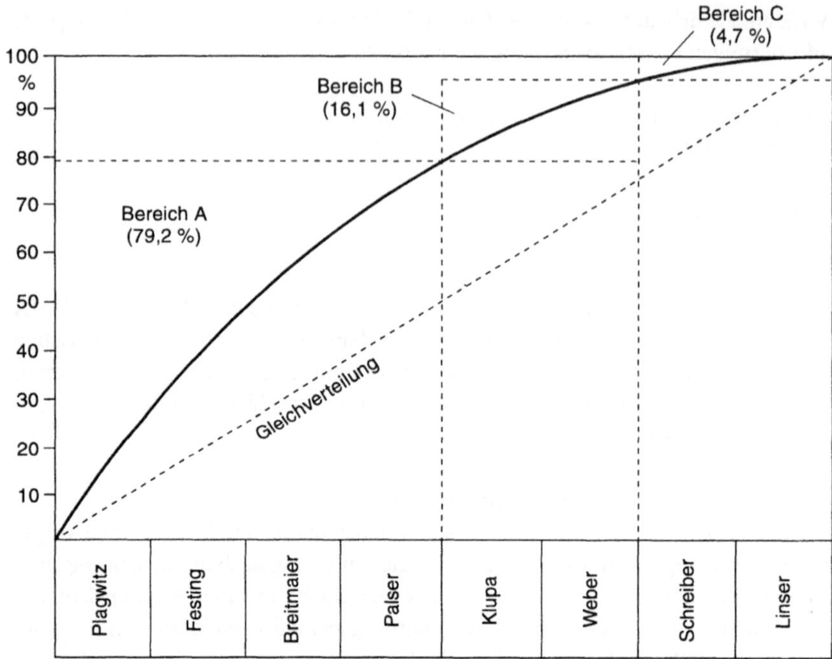

Abb. 3.5 Grafik der Kunden-Umsatz-ABC-Analyse. (Quelle: Hering und Draeger 2000)

Tab. 3.2 Daten zur Kunden-Umsatz-ABC-Analyse. (Quelle: Hering und Draeger 2000)

Kunde	Umsatz Euro	Kumulierter Umsatz Euro	Kumulierter Wert (%)	Bereich in %
Plagwitz	4 242 000	4 242 000	30,3 %	A
Festing	2 702 000	6 944 000	49,6 %	(80%)
Breitmaier	2 548 000	9 492 000	67,8 %	
Palser	*1 596 000*	*11 088 000*	*79,2 %*	
Klupa	1 274 000	12 362 000	88,3 %	B
Weber	*980 000*	*13 342 000*	*95,3 %*	*(15%)*
Schreiber	406 000	13 748 000	98,2 %	C
Linser	*252 000*	*14 000 000*	*100,0 %*	*(5%)*

– Altkunde/Neukunde,
– Dauerkunde/Gelegenheitskunde,
– Zahlungsmoral,
– Kundentreue,

Abb. 3.6 Marktsegmentierung nach Technologie und Kundenbindung. (Quelle: Hering und Draeger 2000)

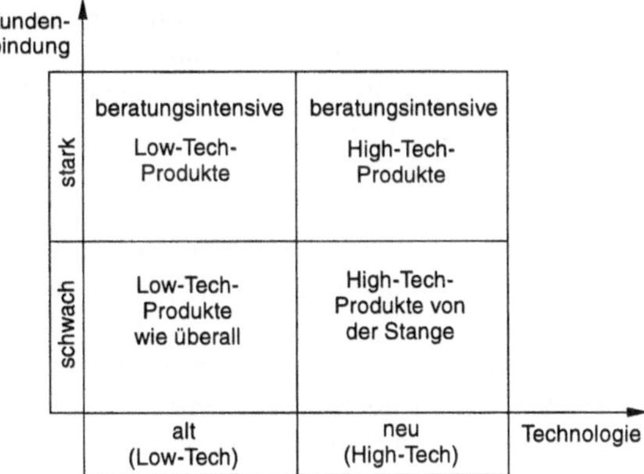

– Preisbewusstheit,
– schwierig/einfach bei der Auftragsabwicklung oder
– sehr wichtiger Kunde (Meinungsbildner).

Eine Marktsegmentierung, die sich ausschließlich auf das Konsumverhalten der Kunden stützt, ist äußerst fragwürdig geworden. Ein Kunde verhält sich immer öfter sehr unterschiedlich und widersprüchlich.

• *Marktsegmentierung nach Technologie und Kundenbindung*
Unterscheidet man in Low-Tech- bzw. High-Tech-Produkte und in solche mit schwacher bzw. starker Kundenbindung, so ergeben sich vier Felder (Abb. 3.6). In diese Felder werden die Produkte eingeordnet. Je nach Feld müssen unterschiedliche Marketingaktionen und Vertriebstätigkeiten stattfinden.

• *Marktsegmentierung nach den Wettbewerbern*
Die Stärke und das Verhalten des Wettbewerbs beeinflussen in ganz erheblichem Umfang die Auswahl der Marktsegmente. Nähere Ausführungen sind im Springer Essential „Wettbewerbsanalyse für Ingenieure" zu finden.

3.3 Wettbewerbsanalyse

Im Springer Essential „Wettbewerbsanalyse für Ingenieure" wird dieser Bereich ausführlich dargestellt. Ausgangspunkt der Überlegungen sind die fünf Wettbewerbskräften nach Porter (s. Abb. 2.1 im Springer Essential „Wettbewerbsanalyse für Ingenieure"):

1. Wettbewerb zwischen bestehenden Konkurrenten.
2. Wettbewerb durch neue Konkurrenten.
3. Gefahr durch neue Produkte (Substitution oder Innovation).
4. Gefahr durch den Lieferanten.
5. Gefahr durch den Kunden.

Werden die Produkte oder Dienstleistungen in diesen Kategorien bewertet, so ergeben sich Chancen und Gefahren für die bestehenden Produkte und Dienstleistungen.

Durch spezifische Untersuchungen der Stärken und Schwächen relativ zur Konkurrenz (s. Abb. 7.1 im Springer Essential „Wettbewerbsanalyse für Ingenieure") können die jeweiligen Stärken des Unternehmens ausgebaut und deren Schwächen abgebaut werden.

3.4 Unternehmensanalyse

3.4.1 Unternehmensphilosophie

Nachdem in den vorangegangenen Abschnitten die Trends des Marktes (Umfeld) beachtet wurden, die Marktbedürfnisse erkannt (Kunde) und die Wettbewerber untersucht wurden, muss geklärt werden, ob das Unternehmen die geforderten Marktbedürfnisse überhaupt befriedigen will und auch kann. Dies bestimmt im Wesentlichen die Unternehmensphilosophie.

3.4.2 Festlegung von Strategischen Geschäftseinheiten (SGE)

Ein Unternehmen wird nicht als Ansammlung verschiedener Abteilungen, Funktionsbereiche und Produkte verstanden, sondern als eine Vielzahl von in Bezug auf *Wettbewerber und Märkte* gleichartigen Geschäften. Diese werden *Strategische Geschäftseinheiten* (SGE) genannt, weil für sie *gleichartige Handlungsmöglichkeiten* oder *Strategien* erfolgversprechend sind. Daher ist es wichtig zu betonen, dass für verschiedene SGEs auch unterschiedliche Strategien erfolgreich sein werden. Strategische Geschäftseinheiten sollten so abgegrenzt werden, dass sie

- den gleichen Kundenwunsch befriedigen und somit in klar definierten Märkten auf bestimmte Wettbewerber treffen und
- dieselben technischen Funktionen erfüllen und möglichst denselben Herstellungsprozess durchlaufen.

3.4.3   Portfolio-Technik

In einem *Produkt-Portfolio* wird das Produktionsprogramm nach Chancen und Risiken der zukünftigen Ertragsentwicklung eingeteilt. Dabei wird das Produktionsprogramm üblicherweise in Strategische Geschäftseinheiten eingeteilt. Dies können auch Produktgruppen oder ganze Branchen sein. Das Portfolio eines gesamten Unternehmens sollte ausgeglichen sein in Bezug auf

- Risiken und Chancen der Erträge,
- Cash Zu- bzw. Abflüsse,
- hohen und geringen Renditen.

Die Elemente eines Produkt-Portfolios werden von zwei Perspektiven aus beurteilt und grafisch dargestellt:

1. *Unternehmens-Perspektive* (die Stärke des Produktes im Unternehmen), dargestellt in der waagerechten Achse und die
2. *Markt-Perspektive* (Erfolgschancen der Produkte auf den Absatzmärkten), dargestellt in der senkrechten Achse.

In der Praxis werden am häufigsten folgende zwei Portfolios verwendet:

- *Marktwachstums-Marktanteils-Portfolio* mit vier Feldern und das
- *Marktattraktivitäts-Produktstärke-Portfolio* mit neun Feldern.

Die Hauptstärken der Portfolio-Technik liegen in der Einfachheit, der Anschaulichkeit und leichten Handhabbarkeit. Im Einzelnen sind folgende Vorteile von Bedeutung:

- Durch das *methodische Einordnen* der betrachteten Strategischen Geschäftseinheiten (SGEs) nach den Kriterien, die den größten Einfluss auf die zukünftigen Ertragsmöglichkeiten haben, können zukunftsweisende Entscheidungen über die Entwicklung der SGEs erfolgversprechend gefällt werden.
- Die spezifischen Produkt-Markt-Strategien orientieren sich im Wesentlichen an den *zukünftigen Ertragschancen* und nicht so sehr an gegenwärtigen oder vergangenen Erfolgen.
- Es wird der große Fehler vermieden, dass alle Produkte an einem einzigen, kurzfristigen Erfolgsmaßstab gemessen werden, beispielsweise an der Rendite. Je nach Lage in den einzelnen Feldern des Portfolios sind unterschiedliche

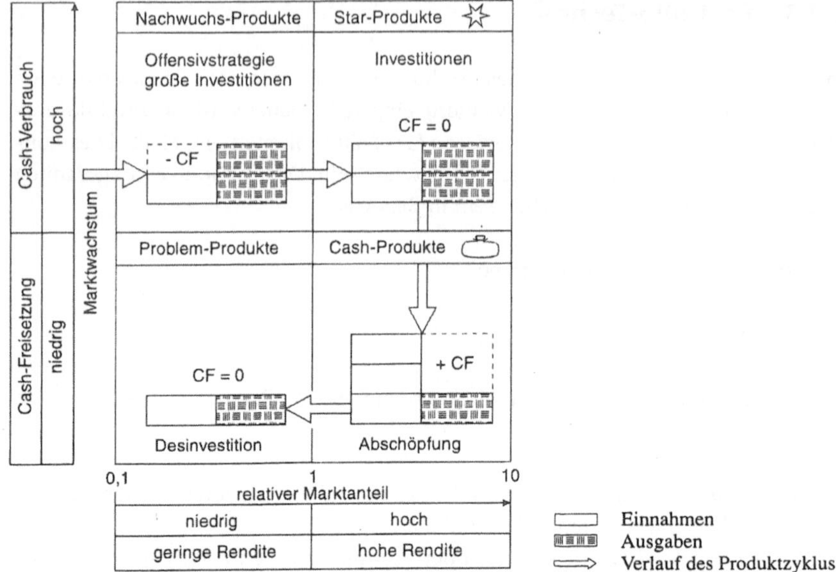

Abb. 3.7 Schema des Marktwachstums-Marktanteils-Portfolios. (Quelle: Hering Draeger 2000)

Entscheidungsregeln für Investitionen, Kosten, Risiko, Preis- und Absatzpolitik gültig. Diese Regeln werden *Normstrategien* genannt. Dadurch wird erreicht, dass die knappen Finanzmittel gezielt nur in die erfolgversprechenden SGEs investiert werden.

Im *Marktwachstums-Marktpositions-Portfolio* werden der *relative Marktanteil* auf der waagrechten Achse (Maß für die Produktstärke) und das *Marktwachstum* auf der senkrechten Achse (Maß für die Marktattraktivität) aufgetragen. Werden die Achsen jeweils in die Bereiche niedrig und hoch eingeteilt, so entsteht das Marktwachstums-Marktpositions-Portfolio mit vier Feldern (Abb. 3.7). Diese vier Felder beschreiben den *Lebenszyklus* einer Strategischen Geschäftseinheit (SGE), dargestellt durch Pfeile in Abb. 3.7. Diese vier Felder beschreiben: *Markteintritt:* (Feld links oben mit negativem Cash-Flow (-CF)); *Marktreife:* (Feld rechts oben mit ausgeglichenem Cash-Flow (CF = 0)); *Marktsättigung:* (Feld rechts unten mit positivem Cash-Flow (+ CF)) und *Marktrückzug* (Feld links unten mit ausgeglichenem Cash-Flow (CF = 0)).

Üblicherweise trägt man in das Portfolio Kreise ein. Der Mittelpunkt wird durch die Werte für den relativen Marktanteil (x-Komponente) und das Marktwachstum

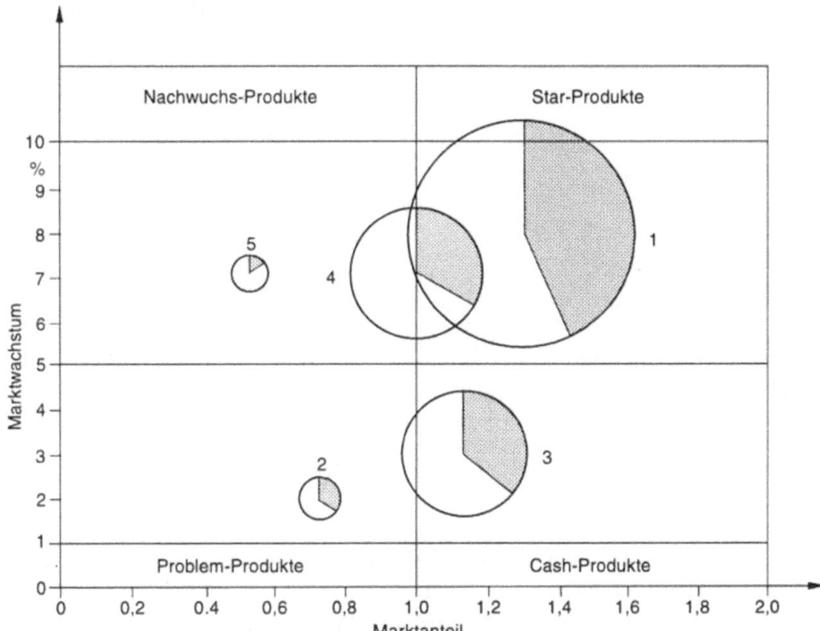

Abb. 3.8 Marktwachstums-Marktanteils-Portfolio des Beispielunternehmens. (Quelle: Hering und Draeger 2000)

(y-Komponente) bestimmt. Die *Kreisfläche* ist ein Maß für den *Umsatz*. In diesen Kreis können als Segmente zusätzliche Informationen eingezeichnet werden (z. B. Deckungsbeitrag pro Umsatz oder Umsatzanteil, s. Abb. 3.8 sowie Abb. 8.2 im Springer Essential „Wettbewerbsanalyse für Ingenieure").

Als Beispiel für 5 SGEs (in diesem Fall Produktgruppen) zeigt Tab. 3.3 die Daten und Abb. 3.8 das zugehörige Marktwachstums-Marktanteils-Portfolio. Die schraffierten Kreisausschnitte geben den Deckungsbeitrag pro Umsatz an. (zur Deckungsbeitragsrechnung: s. Springer Essential „Deckungsbeitragsrechnung für Ingenieure").

SGEs in diesen vier Feldern haben folgende Eigenschaften und Strategieempfehlungen:

1. *Nachwuchs-SGEs*
(hohes Marktwachstum, niedriger Marktanteil)

SGEs in diesem Feld sind noch nicht rentabel und benötigen mehr Finanzmittel, als sie durch den geringen Umsatz erwirtschaften können (Deckungsbeitrag von

Tab. 3.3 Daten für ein Marktwachstums-Marktanteils-Portfolio. (Quelle: Hering und Draeger 2000)

Produkte	Relativer Marktanteil	Marktwachs-tum in (%)	Umsatz Euro	Deckungsbeitrag/Umsatz
Produktgruppe 1 Automobil	1,3	8 %	3 910 000	43 %
Produktgruppe 2 Sonder-maschinen/Verpackung	0,7	2 %	127 400	30 %
Produktgruppe 3 Werkzeugbau	1,1	3 %	2 702 000	35 %
Produktgruppe 4 Feinmechanik/Optik	1,0	7 %	3 206 000	33 %
Produktgruppe 5 Elektrotechnik	0,5	7 %	90 800	12 %

12 %). Es muss das Ziel sein, schnell Marktanteile zu gewinnen und dafür die erforderlichen Finanzmittel bereitzustellen.

Dies trifft auf die Produktgruppe 5 zu (SGE Elektrotechnik).

2. *Star-SGEs*
(hohes Marktwachstum, hoher Marktanteil)

In diesem Feld befinden sich die Star-SGEs des Unternehmens. Meist ist das Unternehmen Marktführer. Die Renditen werden benötigt, um die starke Position auf dem Markt halten zu können.

Marktführer ist die Produktgruppe 1 (SGE Automobil) und auf dem Weg dazu die Produktgruppe 4 (SGE Feinmechanik/Optik). Mit der Produktgruppe 1 werden auch die größten absoluten und relativen Deckungsbeiträge erzielt. Deshalb ist ein Ausbau dieser Produktgruppe aus eigener Kraft möglich. Zusätzlich werden noch Finanzmittel übrig bleiben, die zur Förderung der Produktgruppe 5 (Nach-wuchs-Produkt: SGE Elektrotechnik) herangezogen werden sollten.

3. *Cash-SGEs*
(geringes Marktwachstum, hoher Marktanteil)

Strategische Geschäftseinheiten in diesem Feld sind rentabel und setzen Finanzmittel frei, die zur Unterstützung anderer SGEs (z. B. der Nachwuchs-SGEs) eingesetzt werden können.

Das betrifft die Produktgruppe 4 (SGE Werkzeugbau). Es ist verwunderlich, dass der relative Deckungsbeitrag (Deckungsbeitrag pro Umsatz) geringer ist als bei den Stars. Es muss in dieser Produktgruppe versucht werden, Kosten zu senken und Deckungsbeiträge zu erhöhen

4. *Problem-SGEs*
(geringes Marktwachstum, geringer Marktanteil)

In diesem Feld liegen problematische Strategische Geschäftsfelder: Sie sind weder rentabel, noch setzen sie Finanzmittel frei. Es ist zu überlegen, ob diese SGEs aus dem Markt genommen werden können.

Dies ist im vorliegenden Beispiel die Produktgruppe 2 (SGE Sondermaschinen/ Verpackung). Bevor diese Produktgruppe aus dem Programm genommen wird, sollte überlegt werden, wie der fehlende Umsatz ausgeglichen werden könnte. Ferner sollte diese Produktgruppe eine Spezialisierung in der Branche der Verpackungshersteller erfahren, um durch diese Profilierung auskömmliche Deckungsbeiträge zu erwirtschaften.

In einem *ausgewogenen* Produktportfolio ist die Produktpalette hinsichtlich *Rendite* und *Risiko ausbalanciert.* Es sorgen ausreichend viele Nachwuchsprodukte (Innovationen) für den Unternehmenserfolg von morgen, falls sie Stars werden. Die Stars sorgen für die Geldquellen von morgen (Cash-Produkte). Es müssen immer genügend Cash-Produkte vorhanden sein, um die Finanzmittel von heute zu erwirtschaften, mit denen die Gewinnbringer von morgen (Stars) und übermorgen (Nachwuchs-Produkte) finanziert werden können.

Die Einordnung von Strategischen Geschäftsfeldern in das Portfolio gestattet es, rentable und nicht rentable Geschäftsfelder (Marktanteil hoch bzw. niedrig) auf der einen Seite und Finanzmittel bindende und freisetzende (Marktwachstum hoch bzw. niedrig) auf der anderen Seite zu unterscheiden. Auf diese Weise werden *langfristige Erfolgschancen* und *finanzielle Spielräume* ersichtlich.

Das Portfolio erlaubt es, wie am Beispiel gezeigt, für jede Strategische Geschäftseinheit spezifische *Strategien* zu ergreifen. Mit diesen unterschiedlichen Strategien kann der Markt differenziert und erfolgsorientiert bearbeitet werden. Dies sind für dieses Portfolio:

- *Offensiv-Strategien* für den erfolgversprechenden *Nachwuchs,*
- *Investitions-Strategien* für die *Stars,*
- *Abschöpfungs-Strategien* für die *Kühe* und
- *Desinvestitions-Strategien* für die *Sorgenkinder.*

Im *Marktattraktivitäts-Produktstärke-Portfolio* die Stärke im Unternehmen (Produktstärke) in der waagerechten Achse und die Marktattraktivität als Maß für die Erfolgschancen auf den Absatzmärkten, in der senkrechten Achse dargestellt. Folgende Strukturen weist das Portfolio auf:

- Eine *Vielzahl an Bestimmungsgrößen* für die Produktstärke und die Marktattraktivität werden herangezogen und
- es erfolgt eine Einteilung der Achsen in drei Bereiche (niedrig, mittel, hoch). Dadurch ergeben sich *neun Felder*.

Für das *Marktattraktivitäts-Produktstärke-Portfolio* sind folgende Strategien empfehlenswert:

- *Ernte-Strategien*
  (Rückzug auf lohnende Märkte, Branchen und Kunden und erzielen von maximalen Deckungsbeiträgen).
- *Selektions-Strategien*
  Marktpositionen werden gehalten. Nur ausgewählte Produkte wachsen. Ein Teil der Produkte muss aufgegeben werden.
- *Wachstums-Strategien*
  In diesem Bereich werden neue Kunden auf bestehenden oder auf neuen Märkten gewonnen. Wachstumsstrategien sind meist nur mit neuen Produkten sinnvoll durchzusetzen, es sei denn, man plant einen Verdrängungswettbewerb.

Die Kreise für die SGEs werden analog zum Marktwachstums-Marktanteils-Portfolio eingezeichnet. Die Koordinaten werden dabei durch den Wert für die Produktstärke (x-Komponente) und die Marktattraktivität (y-Komponente) ermittelt. Ein ausführliches Beispiel hierfür ist im Springer Essential: „Wettbewerbsanalyse für Ingenieure" zu finden (Tab. 8.2 und Abb. 8.2).

3.4.4 ABC-Analysen

In einer ABC-Analyse werden die zu untersuchenden Tätigkeiten, betriebswirtschaftliche Kennzahlen oder andere Untersuchungsgegenstände danach beurteilt, ob sie im Hinblick auf ein Aussageziel A = sehr wichtig, B = wichtig und C = unwichtig sind. Erfahrungsgemäß wird mit der ABC-Analyse die *20:80-Regel* bestätigt. Sie besagt, dass nur 20 % an Verursachern 80 % an Wirkung erzielen. Beispielsweise zeigte die *Kunden-Umsatz-ABC-Analyse* in Tab. 3.2 und Abb. 3.5, dass mit nur 20 % der Kunden 80 % des Umsatzes getätigt werden. Mit der ABC-Analyse kann man herausfinden, welches die *wesentlichen 20 %* sind. Werden diese genau gesteuert, so hat man 80 % des Zieles erreicht. Der entscheidende Vorteil der ABC-Analyse besteht darin, sich auf das *Wesentliche* (das meist auch nur 20 % der Aufgabenfülle umfasst) konzentrieren zu können, um erfolgreich zu sein.

Tab. 3.4 Daten zur Erfolgsstruktur-Analyse. (Quelle: Hering und Draeger 2000)

Produkt- gruppen Kennzahlen	1 Automobil	2 Sondermaschinen/ Verpackung	3 Werkzeugbau	4 Fein- mechanik	5 Elektro- technik
Umsatz (U) in Euro	5 910 000	1 274 000	2 702 000	3 206 000	908 000
Kosten (K)	5 319 000	1 312 000	2 648 000	3 206 000	1 098 000
Gewinn in Euro $G = U - K$	591 000	$-38\,000$	54 000	0	$-190\,000$
$\dfrac{G}{U} \cdot 100$ in $\underline{H}$	10	-3	2	0	-21
Umsatzanteil in %	42,5	9	19	23	6,8
Deckungs- beitrag pro Umsatz	43	30	35	33	12

Neben der Kunden-Umsatz-ABC-Analyse ist zum Erstellen einer Marketing-Konzeption auch noch die Markt-Umsatz-ABC-Analyse von Bedeutung. Sie beschreibt die Wichtigkeit einzelner Märkte.

3.4.5 Erfolgsstruktur-Analyse

Neben den geschilderten Umsatzanalysen eines Produktprogramms sind Informationen über die Erfolgswirksamkeit dieser Umsätze unentbehrlich. Dies deshalb, weil eine sinnvolle, unternehmenssichernde Produktprogrammplanung keine reine Umsatzplanung sein darf, sondern die Erhöhung des Erfolges zum Ziel hat. Der Erfolg wird in zweierlei Hinsicht beurteilt:

- zum einen durch Gegenüberstellung der Umsatzrentabilität und
- zum anderen durch Darstellung der Deckungsbeiträge pro Umsatz.

Die einzelnen Daten sind der Tab. 3.4 zu entnehmen.

Abbildung 3.9 zeigt das Umsatz-Umsatzrentabilitäts-Profil der einzelnen Produktgruppen. In der senkrechten Achse wurde der Umsatz kumuliert aufgetragen. Die Umsatzrentabilität ist in der Waagerechten so dargestellt, dass links vom Ursprung die verlustbringenden und rechts die gewinnbringenden Produktgruppen

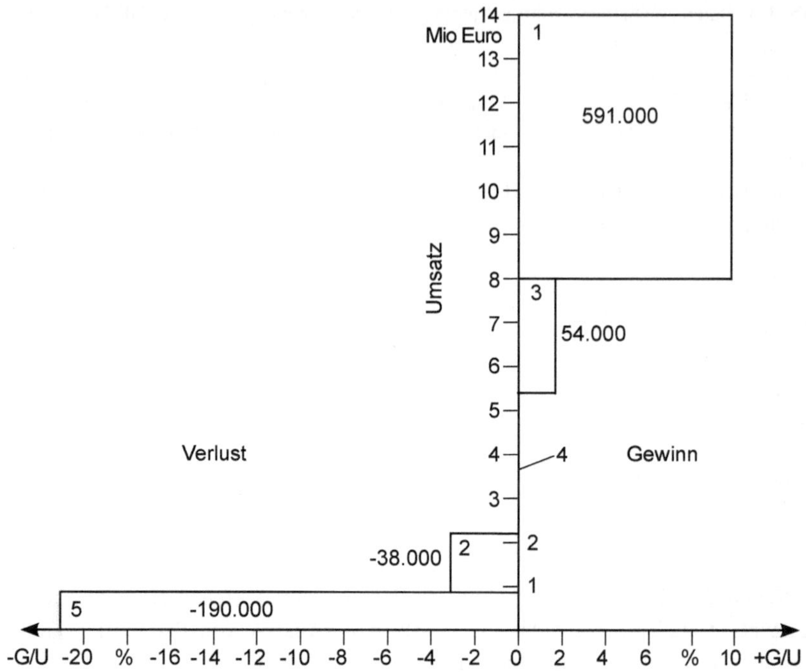

Abb. 3.9 Umsatz-Umsatzrentabilitätsprofil des Beispielunternehmens. (Quelle: Hering und Draeger 2000)

zu sehen sind. Die Produktgruppen wurden nach steigenden Umsatzrentabilitäten geordnet. Deshalb sind zuerst die Produktgruppe mit den höchsten Verlusten und zuletzt die Produktgruppen mit den höchsten Gewinnen zu sehen. Die entstehenden Flächen sind ein Maß für den Verlust (linke Seite) oder den Gewinn (rechte Seite) der einzelnen Produktgruppe. Diese Darstellung ist sehr anschaulich und wird deshalb beim Controlling des Erfolgs von Produkten und Dienstleistungen herangezogen (s. Springer Essential „Controlling für Ingenieure").

Aus Abb. 3.9 lässt sich folgendes erkennen:

- Die Produktgruppen 5 (Elektrotechnik mit -190.000,- Euro) und 2 (Sondermaschinen/Verpackungen mit -38.000,- Euro) sind die Verlustbringer.
- Wie das Portfolio in Abb. 3.8 zeigt, ist dies bei der innovativen Produktgruppe 5 (Nachwuchs-Produkte; Abb. 3.7) normal. Für die Produktgruppe 2 (Abb. 3.7 und 3.8) müssen allerdings umgehend Maßnahmen zur Kostensenkung bzw. zum Marktaustritt eingeleitet werden.

- Die Produktgruppe 4 (Feinmechanik/Optik) läuft kostendeckend.
- Die Gewinnbringer sind die Produktgruppe 3 (Werkzeugbau) und 1 (Automobil).
- Die Gewinne übersteigen insgesamt die Verluste, so dass noch ein positives Ergebnis erwirtschaftet wird.
- Die Analyse zeigt, dass mit höheren Umsätzen auch die Gewinne steigen. Dies ist bei einem gesunden Unternehmen der Fall.

Beim Umsatz-Umsatzrentabilitäts-Profil müssen den Produktgruppen oder Produkten Gewinne zugeordnet werden können. Um diese zu ermitteln, müssen aber die gesamten Kosten, d. h. auch die Fixkosten dieser Elemente bekannt sein. Für Produktgruppen ist zwar eine verursachungsgerechte Fixkostenzuordnung besser durchführbar als für Einzelprodukte. Dennoch ist eine stückbezogene Fixkostenverteilung prinzipiell unmöglich und kann zu schwerwiegenden Fehlern führen. Deshalb wird es häufig besser sein, den Erfolg an Hand von *Deckungsbeiträgen* (DB) zu beurteilen. Deckungsbeiträge errechnen sich aus der Differenz zwischen Umsatz und variablen Kosten und geben die Finanzmittel an, mit denen die Fixkosten gedeckt werden können (zur Deckungsbeitragsrechnung: s. Springer Essential „Deckungsbeitragsrechnung für Ingenieure"). Da der Umsatz und die variablen Kosten relativ leicht zu ermitteln sind, steht mit dem Deckungsbeitrag eine exakt bestimmbare Kennzahl zur Verfügung.

Im vorliegenden Fall wird die Kennzahl Deckungsbetrag pro Umsatz (DB/U) verwendet. Sie gibt an, wie viel Euro Deckungsbeitrag pro Euro Umsatz erwirtschaftet wird. Die entsprechenden Zahlen sind Tab. 3.4 zu entnehmen.

Abbildung 3.10 zeigt das Umsatz-Deckungsbeitrags-Profil des Beispielunternehmens. Der Umsatz ist in der senkrechten Achse aufgezeichnet und in der waagrechten der DB/U in Prozent. Die *Flächen* in diesem Profil sind ein Maß für den *Deckungsbeitrag*, der zur Deckung der Unternehmensfixkosten in den Betrieb fließt. Die Produktgruppen werden dabei so sortiert, dass die *umsatzstärksten zuerst* und die umsatzschwächsten zuletzt berücksichtigt werden. Da die umsatzstärksten Produktgruppen meist die wichtigsten sind, zeigt die Abbildung von unten nach oben den Grad der Bedeutung für das Unternehmen an (ABC-Prinzip). Eine *Pyramidenform* eines solchen Profils zeigt ein *erfolgsträchtiges* Unternehmen, bei dem die umsatzstärksten Produkte auch die meisten Deckungsbeiträge liefern. Eine *Trichterform* zeigt eine für das Unternehmen ungünstige Verteilung der Produktgruppen (die umsatzstärksten Produktgruppen liefern am wenigsten Deckungsbeiträge). Diese anschauliche Darstellung wird häufig auch im Controlling eingesetzt (s. Springer Essential „Controlling für Ingenieure" und „Deckungsbeitragsrechnung für Ingenieure").

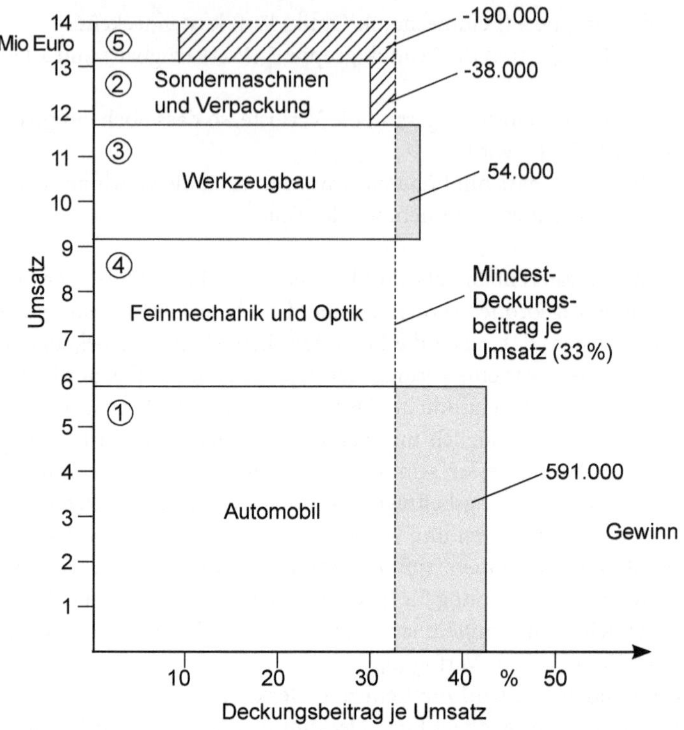

Abb. 3.10 Umsatz-Deckungsbeitragsprofil des Beispielunternehmens. (Quelle: Hering und Draeger 2000)

Der *Mindestdeckungsbeitrag pro Umsatz* ist in Abb. 3.10 durch eine gestrichelte Linie angezeigt (im vorliegenden Fall 33 %). Alle Produktgruppen mit höheren Deckungsbeiträgen pro Umsatz sind Gewinnbringer (graue Flächen), alle Produktgruppen mit geringeren sind verlustreich.

Das Profil nach Abb. 3.10 zeigt sehr deutlich, dass auch *Verlustbringer* (Produktgruppe 2: Sondermaschinenbau/Verpackung) noch *Deckungsbeiträge* erwirtschaften. Wenn man also auf bestimmte Produktgruppen verzichtet, dann fallen auch diese Deckungsbeiträge weg. Sie müssen durch andere Produktgruppen aufgefangen werden.

Marketing-Konzeption 4

Aus den Trends (Abschn. 3.1), den zentralen Kundenbedürfnissen (Abschn. 3.2), den Positionen der Wettbewerber (Abschn. 3.3) und den Möglichkeiten des eigenen Unternehmens (Abschn. 3.4) können *klare Marktziele* formuliert, die *Strategien* und *Maßnahmen* zur Zielerreichung festgelegt sowie die *Mittel* zugeteilt werden. Dies entspricht einer Marketing-Konzeption. Daraus ergeben sich *konkrete Maßnahmen*, die klar *kontrollierbar* sind. Das Vorgehen zur Erstellung einer Marketing-Konzeption zeigt Abb. 4.1.

4.1 Marktziele

Es müssen am Anfang die Marktziele in *qualitativer* und *quantitativer* Hinsicht festgelegt werden. Zu den *qualitativen Zielen* zählen beispielsweise:

- Verbesserung des Betriebsklimas,
- regelmäßige Informationen und Treffs,
- gemeinsame überbetriebliche Unternehmungen oder
- Familiennachmittage.

In den *quantitativen Zielen* werden beispielsweise die Umsatz- bzw. Marktanteilsziele für bestimmte Produktgruppen festgelegt und zwar beispielsweise für:

- Teilmärkte (Regionen),
- Branchen,
- Produktgruppen und
- Produkte.

E. Hering, *Marketingkonzeptionen für Ingenieure*, essentials,
DOI 10.1007/978-3-658-03911-0_4, © Springer Fachmedien Wiesbaden 2013

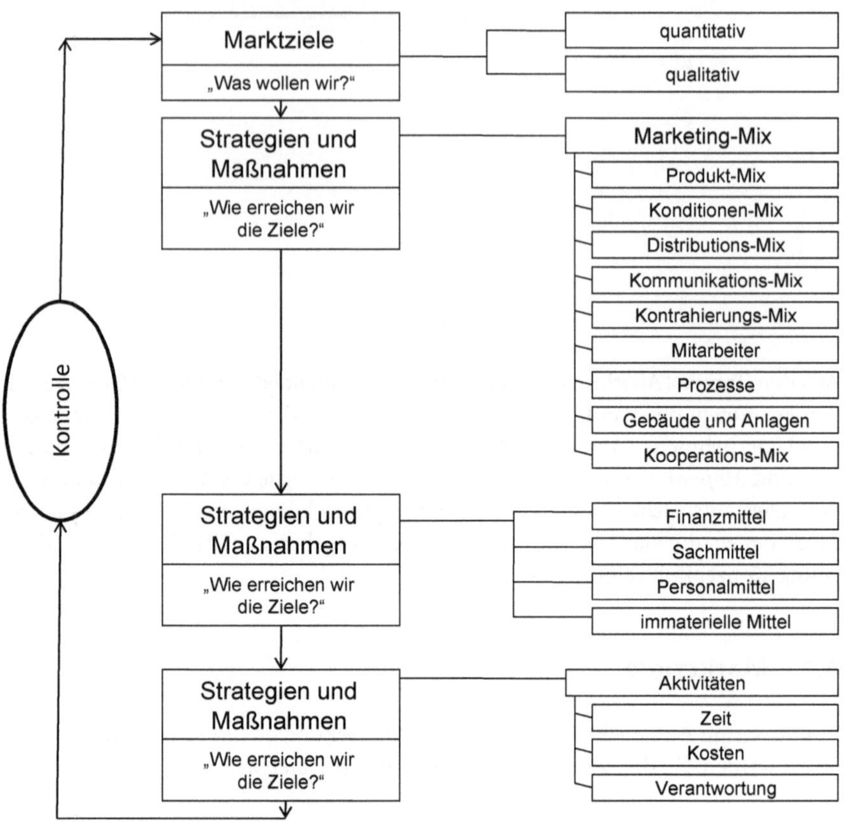

Abb. 4.1 Schema zur Erstellung einer Marketing-Konzeption. (Eigene Darstellung)

4.2　Bestimmung der Maßnahmen durch den Marketing-Mix

Mit *Maßnahmen* werden die Wege beschrieben, mit denen diese Ziele erreicht werden sollen. Dies geschieht durch den *Marketing-Mix*, d. h. eine Mischung aus verschiedenen Möglichkeiten. Abbildung 4.2 zeigt die 9 P des Marketing-Mixes.

4.2.1　Produkt-Mix (P1: Product)

Im Produkt-Mix wird festgelegt, welche Produkte oder Dienstleistungen das Unternehmen vermarkten will. Wichtig sind dabei die Gestaltung des Sortiments und der zum Sortiment gehörende Service bzw. die produktnahen Dienstleistungen.

Abb. 4.2 Marketing-Mix. (Eigene Darstellung)

- *Sortimentsgestaltung*

Unter Sortimenten versteht man das *gesamte Leistungsprogramm* eines Herstellers. Dazu zählen die selbst hergestellten und beschafften Produkte sowie die Dienstleistungen. Die Sortimentsgestaltung spielt vor allem im Handel eine große Rolle. Doch auch für die Industrie sind diejenigen Waren und Dienstleistungen, nach denen der Kunde verlangt, für den Erfolg und das langfristige Überleben entscheidend.

- *Service und zusätzliche Dienstleistungen*

Es kann wichtig sein, über das Produkt hinaus Dienstleistungen (z. B. Service) anzubieten. Dies erhöht den Wert der Ware und man kann höhere Preise erzielen. Ganz wesentlich dabei ist, dass mit Dienstleistungen *Kontakte zum Kunden* hergestellt werden. Mit diesem persönlichen Kontakt lassen sich gute Verkaufsgespräche führen sowie eine langfristige Kundenbindung nach dem Verkauf der Ware herstellen. Dienstleistungen sollten, wenn möglich, zu *vernünftigen Preisen* verkauft werden. Es ist nur im Ausnahmefall sinnvoll, diese zusätzlichen Werte kostenlos bereitzustellen. Besonders verkaufsfördernd wirken sich *besondere Dienstleistungen* aus (z. B. Lieferung und Bereitstellung von Produkten nach Bedarf des Kunden oder Wartung von Anlagen).

Für einen erfolgreichen Produkt-Mix sind auch eine ansprechende *Produktgestaltung* (Design) und die *Verpackung* (Warenpräsentation, Identifikation, Werterhaltung, Lager- und Transportfähigkeit) maßgeblich.

4.2.2 Preis- und Konditionen-Mix (P2: Price)

Wie Abb. 4.2 zeigt, besteht der Preis- und Konditionen-Mix aus den *Preisen*, den *Nachlässen* und den *Zahlungsbedingungen*.

- *Preispolitik*

Der Preis ist das Entgelt für die Leistungen. Das Unternehmen möchte einen lukrativen Preis erzielen und der Käufer einen angemessenen Preis bezahlen. Mit der Preispolitik werden folgende Ziele verfolgt:

1. *Erhöhung der Rentabilität,*
2. *Erhöhung des Gewinns,*
3. *Erringen von Marktanteilen,*
4. *Anpassung an den Wettbewerb.*

Um die Rentabilität oder den Gewinn zu steigern, können auch die Preise gesenkt werden; denn bei nicht voll ausgelasteten Kapazitäten ist es sinnvoll, zu geringen Preisen zu verkaufen, um den Absatz zu steigern, der die Kapazitäten auszulasten vermag. Höhere Marktanteile werden in der Regel durch niedrige Preise erkauft.

Häufig ist es sinnvoll, sich mit der Preispolitik an den Wettbewerber anzupassen. Auf keinen Fall darf man hierbei aber mit dem Wettbewerber vergleichbare Produkte anbieten, da sonst der Preis das alleinige Kaufargument sein wird. In diesen Fällen werden Preiskämpfe ausgetragen, die für alle beteiligten Unternehmen von Nachteil sind. Die erfolgreichere Strategie liegt in der *Differenzierung* des Angebotes, d. h. Produkte bzw. Dienstleistungen anders anzubieten als die Konkurrenz.

Bei der Preisfindung spielen folgende Aspekte eine wichtige Rolle:

- *Staatlich festgelegte* oder *gebundene* Preise (z. B. bei Büchern).
- *Kalkulierte* Preise (Preise ergeben sich aus der unternehmensinternen Kalkulation).
- *Marktelastische* Preise (Orientierung an den Preisvorstellungen der Käufer oder an den Preisen der Wettbewerber).
- *Gebrochene* Preise (statt 100 € nur 99 €: Preis erscheint nicht so hoch).

Tab. 4.1 Gründe für eine Rabattpolitik. (Quelle: Her- ingund Draeger 2000)

Art des Rabatts	Gründe für den Rabatt
Mengenrabatt	kostengünstiger Mehrabsatz
Rabattstaffeln	Erhöhung der Auftragsgröße
Saisonrabatt	Senken der Lagerkosten
Einführungsrabatt	Gewinnung neuer Kunden
Umsatzrabatt	Erhaltung von Dauerkunden
Abschlußrabatt	Erleichterung der Planung
Leistungsrabatt	Motivation der Händler

Die Nennung des Preises allein ist noch keine sinnvolle Aussage. Es muss dem Käufer sichtbar und erlebbar gemacht werden, welchen Nutzen er aus dem Angebot ziehen und welche Qualität er erwarten kann. Dem Käufer muss der Eindruck vermittelt werden, dass die Produkte und Dienstleistungen *preiswürdig* sind, d. h. ein gutes *Preis-Leistungsverhältnis* aufweisen.

- *Nachlässe*

Hierbei handelt es sich um die *Rabattpolitik* eines Unternehmens. Wie Tab. 4.1 zeigt, gibt es betriebswirtschaftliche Gründe zur Gewährung von Rabatten. Rabatte und Rabattstaffelungen dienen dazu, die Preise unterschiedlich zu gestalten (*Preisdifferenzierung*) und auf die Zielgruppen zuzuschneiden (*individual pricing*).

- *Zahlungsbedingungen*

Zahlungsbedingungen sind im Regelfall *Skonti* (Preisabzüge) oder *Boni* (um *Rückvergütungen* ab einer bestimmten Umsatzgröße).

4.2.3 Distributions-Mix (P3: Place)

Bei dieser Strategie sind die Wege der Verteilung der Produkte und Dienstleistungen vom Hersteller zum Käufer zu wählen. Dabei unterscheidet man zwischen den *Absatzwegen* und der *Logistik*.

- *Absatzwege*

Produkte und Dienstleistungen können *direkt* (Lieferung direkt an den Kunden: B2C: Business to Consumer) oder *indirekt* (über Zwischenhändler oder als Vorprodukte: *B2B*: Business to Business) zum Kunden gelangen. Eine weitere Vertriebsform ist das *Franchising*. In diesem Fall stellt der Franchise-Geber dem Franchise-Nehmer die zu verkaufenden Produkte und die Marketing-Konzepte zur Verfügung. Häufig werden sogar genaue Vorschriften zur Gestaltung von Verkaufsraum und Produktionsstätten gemacht (z. B. bei Mac Donalds oder bei Autohäusern). Der Verkauf der Güter und Dienstleistungen wird auf eigene Rechnung und Risiko des Unternehmers getätigt. Eine weitere Vertriebsform ist der *Shop-in-the-shop*. In diesem Fall ist der Verkaufsraum innerhalb eines größeren Einkaufszentrums (z. B. Bäckereien oder Metzger in Supermärkten). Dies hat den Vorteil, dass viele Kunden im Kaufhaus sind und sich manche zu sogenannten *Impulskäufen* entschließen.

Zu den Absatzwegen gehören auch die *Lieferdienste*, wie sie für Tiefkühlkost oder den Getränkedienst typisch sind.

- *Logistik*

Häufig werden die gewünschten Produkte und Dienstleistungen direkt zum Kunden gebracht (z. B. Just-In-Time-Lieferungen im Automobilbau, Lieferdienste bei Tiefkühlkost oder Getränken). Dies kann ein wirkungsvolles Marketing-Instrument sein, um Kunden langfristig an das Unternehmen zu binden.

4.2.4 Kommunikations-Mix (P4: Promotion)

Dazu zählen alle Möglichkeiten, die Öffentlichkeit und die Kunden über den Nutzen und die Vorteile der Produkte und Dienstleistungen zu informieren.

- *Öffentlichkeitsarbeit (Public Relation: PR)*

Jedes Unternehmen steht mit der Öffentlichkeit in Verbindung. Dabei unterscheidet man zwischen der *äußeren Umgebung* (andere Unternehmen, Gewerkschaften, Verbände, Parteien, Regierungen und Massenmedien) und der *inneren Umgebung* (Familien der Mitarbeiter, Kunden, Lieferanten, Wettbewerber, Behörden, Banken und Freunde).

Jedes Unternehmen muss positive Kontakte zur Öffentlichkeit aufbauen und Vertrauenswerbung betreiben; denn das Unternehmen kann nur solange existieren, wie es die Öffentlichkeit erlaubt. Deshalb ist gezielte Öffentlichkeitsarbeit (PR) zur Sicherung des Unternehmens unerlässlich. Folgende Möglichkeiten einer wirksamen Öffentlichkeitsarbeit werden genutzt:

- Geschäftsberichte,
- Presseinformationen, Pressekonferenzen,
- Herausgabe von Fachberichten, Broschüren und Büchern,
- Aktivitäten in Schulen, Vereinen und Gemeinden,
- Spendenaktionen und Hilfsleistungen,
- Bildungs- und Freizeitveranstaltungen mit Diskussionen,
- Betriebsbesichtigungen,
- Kontakte zu Behörden und Regierungen,
- Jubiläen des Unternehmens und der Mitarbeiter,
- Vorstellungen neuer Produkte sowie
- Eröffnungen und Ausstellungen.

Voraussetzung ist, dass eine klare *Firmenphilosophie*, eine eindeutige *Geschäftspolitik* und ein erkennbares *äußeres Erscheinungsbild* (Corporate Identity; CI) vorliegt.

- *Verkaufsförderung*

Hierbei sind alle Aktionen zu verstehen, die zur Förderung des Verkaufes dienen. Häufig bedient man sich dabei des Vorgehens nach *AIDA*:

- A (*Attraction*: Aufmerksamkeit erregen),
- I (*Interest*: Interesse an den Produkten oder Dienstleistungen erwecken),
- D (*Desire*: den Kaufwunsch wecken),
- A (*Action*: den Kaufwunsch als Kaufakt vollziehen).

Meist wird eine *Verkaufsschulung* durch spezielle Trainer durchgeführt. Diese Verkaufsschulungen vermitteln im Wesentlichen folgende Inhalte:

- Verkaufspsychologisches Grundwissen
- Umsetzung dieses Wissens auf den konkreten Verkaufsfall (Kundengeschmack, Kundenbehandlung, Produktpräsentation, Argumentation),
- Verkaufstraining mit Video-Aufnahmen,
- Bewährung in Konfliktsituationen,
- Kaufsignale und Abschlussmethodik,
- Verkauf von weniger gefragten Produkten,
- Gewinnung von Neukunden und Pflege von Stammkunden,
- Verhalten bei Nichtkauf, Reklamationen, Einwänden und unvorhergesehenen Verkaufssituationen,
- Umsatzverbesserung durch Imagepflege und gezielter Werbung.

- Erkennen und Beheben eigener Schwächen,
- Berichtswesen (Berichte über Umsätze, Bericht über nicht zustande gekommene Aufträge, Verbesserungsvorschläge für Produkte, Dienstleistungen sowie Verbesserungen von Schwachstellen in der Unternehmung).

Bei einer wirkungsvollen Verkaufsförderung müssen die Mitarbeiter im *Vertrieb* sowie in *Entwicklung* und *Produktion* als ein *Team* zusammenarbeiten. Dies hat folgende Gründe: Die Informationen des Vertriebes helfen dem Unternehmen, schneller marktgerechtere Produkte zu entwickeln und zu verkaufen. Auf der anderen Seite können die Entwicklung und die Fertigung dem Vertrieb genaue Produktkenntnisse vermitteln, die für den Kunden wesentliche Kaufargumente sind. Auf eine harmonische Zusammenarbeit dieser Abteilungen ist deshalb zu achten.

- *Werbung*

Bei der Werbung wird der potenzielle Kunde mit zwanglosen Mitteln so beeinflusst, dass er das Produkt bzw. die Dienstleistung kaufen möchte. Das bedeutet, dass eine Werbung

- *klare Ziele* verfolgen und
- eine *Beeinflussung* des Käufers auslösen muss.

Die Werbebotschaft sollte *mit Wohlwollen* aufgenommen werden (deshalb sollten es zwanglose Mittel sein). Was Farben, Formen, Grafiken und Texte anbelangt, bietet die W*erbepsychologie* geeignete Anhaltspunkte. Wichtig ist, dass der Umworbene aus der Werbung einen konkreten Vorteil für sich erkennen kann. Ferner sind die Bedürfnisse des Menschen nach Sicherheit, Anerkennung und Unabhängigkeit zu berücksichtigen.

Abbildung 4.3 zeigt die Ziele, die Aussagen und Maßnahmen der Werbung sowie die *Werbe-* und *Mediaplanung*. Diese sind Teile des Marketingplans und orientieren sich am bereit gestellten Budget.

In der Werbeplanung müssen die nach Abb. 4.3 zusammengestellten Fragen beantwortet werden. Voraussetzung dafür ist die Kenntnis folgender Tatbestände:

- Produkte und Dienstleistungen,
- Umsatzvorgaben (in Stückzahl und Preis),
- Absatzgebiete,
- Kenntnisse der Käuferschichten,
- Kenntnisse der Kaufmotive,
- Wettbewerbsanalyse (Absatzwege, Werbung, Preise) und
- Werbeetat.

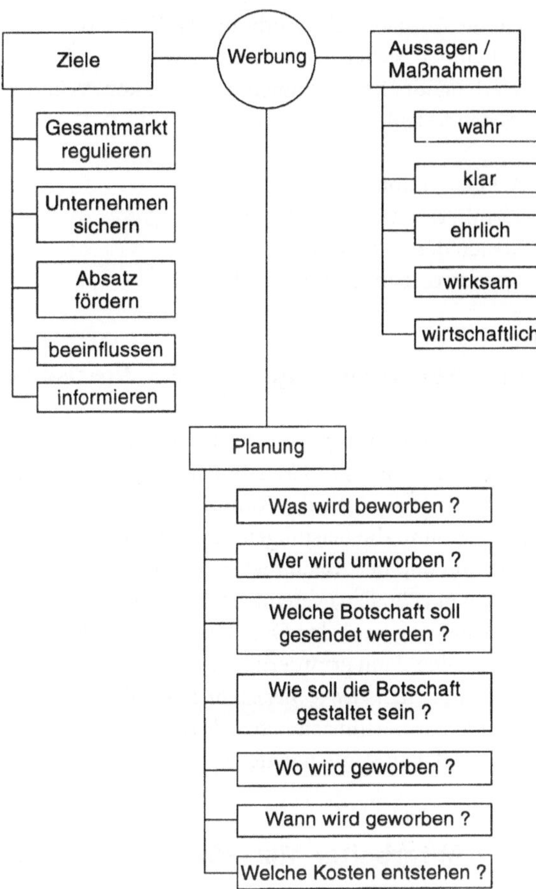

Abb. 4.3 Ziele und Maßnahmen einer Werbung. (Quelle: Hering und Draeger 2000)

Darauf aufbauend werden die *Werbemittel* (z. B. drucktechnische, akustische und optische Werbemittel sowie Werbeveranstaltungen und Werbegeschenke) zusammengestellt und festgelegt. In der folgenden *Mediaplanung* wird definiert, in welchen Medien und mit welchen Kommunikations-Kanälen (z. B. Druck, Audio, Video, TV, Film, Internet) die Werbung realisiert wird.

Eine besondere Form ist das *Response-Marketing*. Bei dieser Methode muss sich der Kunde selbst melden, beispielsweise durch Zurücksendung von Coupons, Bestellungen, Losnummern oder ähnliches. In diesem Fall meldet sich eine interessierte Käuferschaft, die man im Anschluss daran zum Kauf bewegen muss. Wichtig ist hauptsächlich, dass man auf diese Weise genaue Informationen über den Kunden erhält, um ihn gezielt ansprechen zu können.

Ob die Ausgaben für Werbung als Werbekosten oder als Investitionskosten zur Unternehmenssicherung angesehen werden, ist im Einzelfall zu prüfen.

Werbemaßnahmen können nur dann kontrolliert werden, wenn Folgendes vorher genau festgelegt wird:

- Art der Aktion,
- Termin der Aktion,
- Kosten der Aktion und
- Verantwortlichkeit für die Aktion.

4.2.5   Kontrahierungs-Mix (P 5: Precise Contract)

Im Kontrahierungsmix sind die *Vertragswerke* zwischen Unternehmen und Kunden zu finden. Bei größeren Projekten, beispielsweise im Sondermaschinenbau, sind die Vorleistungen des Kunden verzeichnet (z. B. Baumaßnahmen oder Anzahlungen) und die Leistungen des Unternehmens festgehalten (einschließlich der Installation und der Abnahmetests). Manchmal werden auch bei Lieferverzug Vertragsstrafen (Pönalen) vereinbart. Üblicherweise werden hier auch die Fragen der Produkthaftung und der Qualitätssicherung behandelt. Umfangreiche Vertragswerke werden dann erforderlich, wenn es sich um Produkte oder Dienstleistungen handelt, an denen *viele Unternehmen* beteiligt sind, die *hoch komplex* sind und eine *hohe Anforderung* hinsichtlich *Sicherheit*, *Zuverlässigkeit* im Betrieb und *Risiko* aufweisen (z. B. Bau von Flughäfen).

4.2.6   Mitarbeiter-Mix (P6: People)

Geeignete Mitarbeiter sind der Schlüssel zum Erfolg eines Unternehmens. Eine *Personalplanung* legt die Personen nach Zahl (Quantität) und Eigenschaften (Qualität) für die entsprechenden Funktionsbereiche des Unternehmens fest. Neben der Personalauswahl (*Personalfindung*) spielt eine wichtige Rolle, welche Entwicklungsperspektiven den Mitarbeitern geboten werden, damit geeignete Mitarbeiter dem Unternehmen erhalten bleiben (*Personalbindung*). Diese Zusammenhänge sind ausführlich im Springer Essential „Personalmanagement für Ingenieure" dargestellt.

4.2.7   Prozesse (P7: Process)

Effektive (zielorientiert wirksame) und *effiziente* (wirtschaftlich optimale) Prozesse sind für den Erfolg eines Unternehmens in hohem Maße verantwortlich. In allen Funktionsbereichen des Unternehmens müssen die Prozesse dahingehend geprüft werden, ob sie

- überhaupt notwendig sind,
- vereinfacht werden können,
- die Qualität und Sicherheit erhöhen,
- die Wertschöpfung erhöhen und die Verschwendung vermeiden,
- Kostensenkungspotenziale ausschöpfen,
- die Mitarbeiter zu hohen Leistungen anspornen (Motivation) und
- die Kundenzufriedenheit steigern.

4.2.8   Gebäude und Anlagen (P8: Physical Facilities)

Das *Layout* der Gebäude (logistische Planung nach dem Fertigungsfluss für kurze Durchlaufzeiten) sowie die *Maschinen und Anlagen* sind für eine schnelle, kostengünstige und qualitativ hochwertige Herstellung der Produkte und Dienstleistungen verantwortlich.

4.2.9   Kooperations-Mix (P9: Partnership)

In einer international arbeitsteiligen Welt sind Kooperationen mit anderen Unternehmen häufig unerlässlich. Es ist darauf zu achten, dass das *Know-how* der *Kernkompetenzen* im Unternehmen bleibt und geschützt werden kann. Andere Tätigkeiten können sinnvoll dann ausgegliedert werden, wenn die Kooperationspartner diese wirtschaftlicher erbringen können als das eigene Unternehmen.

Ideale Partner bieten *Vertrauen*, *Zuverlässigkeit* und *Kompetenz*. Sie sind *fair* und *flexibel* in ihrer Leistungserbringung.

Zuordnung der Mittel und Festlegen konkreter Maßnahmen

Für die entsprechenden Aufgaben werden die erforderlichen Finanz-, Sach- und Personalmittel sowie auch immaterielle Mittel (z. B. Image) bereitgestellt (s. Abb. 4.1).

E. Hering, *Marketingkonzeptionen für Ingenieure*, essentials,
DOI 10.1007/978-3-658-03911-0_5, © Springer Fachmedien Wiesbaden 2013

Die einzelnen Maßnahmen müssen in folgenden Punkten ganz konkret festgelegt sein:

- Aktivität,
- Kosten,
- Endtermin und
- Verantwortlichkeit.

Bei drohender Termin- und Kostenüberschreitung muss der jeweilige Sachbearbeiter dies melden. Solche Informationen sind *Bringschulden*. Im anderen Falle läuft man Gefahr, dass wichtige Liefertermine überschritten oder das Kostenbudget erheblich überzogen wird. Zur besseren Kontrolle können die Aktivitäten in einer *Zeit-Kosten-Übersicht* zusammengefasst werden. Auf diese Weise sind alle Maßnahmen klar formuliert und kontrollfähig. Die Abweichungen von den Zielvorgaben können sofort erkannt werden, um sofort entsprechende Korrekturen einleiten zu können.

E. Hering, *Marketingkonzeptionen für Ingenieure*, essentials,   43
DOI 10.1007/978-3-658-03911-0_6, © Springer Fachmedien Wiesbaden 2013

Die einzelnen Maßnahmen müssen überprüfbar sein, damit der Erfolg als Grad der Zielerreichung gemessen werden kann. Hierbei können die Umsatz-, Ertrags- und Liquiditätspläne monatlich oder vierteljährlich auf ihre Planerreichung überprüft werden. Dabei werden die geplanten Umsätze und Erträge der Produkte und Sparten eines Monats bzw. eines Quartals den Ist-Werten gegenübergestellt. Daraus errechnen sich die absoluten und relativen Abweichungen. Es ist sinnvoll, nicht nur die einzelnen Monate für sich zu betrachten, sondern auch die kumulierten Monatswerte (kumulierter Plan-Umsatz bzw. Plan-Ertrag, kumulierter Ist-Umsatz bzw. Ist-Ertrag, kumulierte absolute Abweichung und kumulierte relative Abweichung). Die kumulierten Werte zeigen, in wieweit das Unternehmen seine Ziele bis zum aktuellen Monat erreicht hat. Dabei werden die Umsatz- und Ertragsschwankungen in den einzelnen Monaten ausgeglichen. Parallel dazu ist eine Liquiditätsrechnung zu erstellen, die sicher stellt, dass das Unternehmen jederzeit zahlungsfähig ist (ausführlich dargestellt im Springer Essential „Controlling für Ingenieure").

E. Hering, *Marketingkonzeptionen für Ingenieure*, essentials,
DOI 10.1007/978-3-658-03911-0_7, © Springer Fachmedien Wiesbaden 2013

Literatur

Alex, W. G.: Das Marketing-Konzept: Eine Bedienungsanleitung mit Checklisten und Vorgehensrastern. Books on Demand Verlag (2008)

Becker, J.: Marketing-Konzeption: Grundlagen des ziel-strategischen und operativen Marketing-Managements, 10. Aufl. Vahlen Verlag (2012)

Bernecker, M.: Marketing: Grundlagen – Strategien – Instrumente. Johanna Verlag (2013)

Bruhn, M.: Marketing: Grundlagen für Studium und Praxis. Gabler-Verlag (2013)

Hering, E., Draeger, W.: Handbuch Betriebswirtschaft für Ingenieure, 3. Aufl. Springer Verlag (2000)

Hering, E.: Marketingkonzeptionen für Ingenieure. Springer Vieweg (2014)

Kotler, P., Armstrong, G., Wong, V., Saunders, J.: Grundlagen des Marketing. Pearson Studium Verlag (2010)

Schürmann, M.: Marketing: In vier Schritten zum eigenen Marketing-Konzept. VdF Hochschulverlag (2011)

Weis, C.: Marketing. Kiel-Verlag (2012)

E. Hering, *Marketingkonzeptionen für Ingenieure*, essentials,
DOI 10.1007/978-3-658-03911-0, © Springer Fachmedien Wiesbaden 2013